满漢全席

宋波/编著

满漢全席

国家一级出版社 中国纺织出版社 全国百佳图书出版单位

图书在版编目（CIP）数据

满汉全席 / 宋波编著．—北京：中国纺织出版社，2019.1（2020.11重印）

ISBN 978-7-5180-5544-9

Ⅰ．①满…　Ⅱ．①宋…　Ⅲ．①菜谱—中国　Ⅳ．①TS972.182

中国版本图书馆CIP数据核字（2018）第250460号

策划编辑：国　帅　韩　婧　　责任校对：楼旭红
责任印制：王艳丽

中国纺织出版社出版发行
地址：北京市朝阳区百子湾东里A407号楼　邮政编码：100124
销售电话：010-67004422　传真：010-87155801
http://www.c-textilep.com
E-mail: faxing@c-textilep.com
中国纺织出版社天猫旗舰店
官方微博http://weibo.com/2119887771
北京利丰雅高长城印刷有限公司印刷　各地新华书店经销
2019年1月第1版　2020年11月第3次印刷
开本：889×1194　1/16　印张：10
字数：120千字　定价：88.00元

编委会

御膳聲名四海馳
文華技藝逞神姿
皇家已去庖師在
更上層樓賦錦詩

金誠先生詩

乾隆九世孫 金適書

爱新觉罗·金诚先生为本书作诗
乾隆九世孙爱新觉罗·金适先生为本书题字

宋波先生雅屬

珎饈美饌盛筵開
玉盞金樽次第来
御膳真傳承絕藝
尋常百姓上餐臺

戊戌仲夏趙允溪敬書

爱新觉罗 · 褚英之后——赵允溪先生为本书题词

秦皇漢武百千年
盛世業績在古今
御宴精華凝南北
一書且作青史傳

戊戌孟夏 趙慶明書

满族著名书法家赵庆明先生为本书题字

序

对于弘扬和传承清宫御膳文化我有着一种血液中的冲动。六年前宋波出版《御膳大观》一书，我为之题写了书名，欣闻御膳大师宋波先生最近又要出《满汉全席》一书，请我作序，我还特邀了几位爱新觉罗家族的朋友，为之题诗助兴。

“满汉席”一说最早见于乾隆五十七年袁枚著《随园食单》中记载：“今官场之菜……有满汉席之称。”

后有扬州人李斗所著《扬州画舫录》记载：乾隆十六年携后宫、皇子、军机大臣、六部要员南巡时宴饮食单，食材包括燕窝、鱼翅、海参、鲍鱼、熊掌、猩唇、驼掌、甲鱼等，非一般官民所能享用，从食材和规模上看已是皇家御膳了。

扬州盐商童岳撰《调鼎集》十卷，记载汉席129品菜馔，满席25种。

清末民初，完颜佐贤著《康乾遗佫轶事饰物考》及《清稗类钞》都提到“全席”一词。

我曾经对“满汉全席”的“全”字，表示过质疑，但百年来已约定俗成了。

“文革”以后，满族皇家代表人物溥仪二弟，时任全国人大民族委员会副主任委员的溥杰先生，满怀着宏扬中华传统文化的赤子之心，亲自题写“满汉全席”四个大字。可以说是官方首次正式承认有“满汉全席”一说。

“满汉全席”虽属皇家文化范畴，但来源于民间，经历代宫廷御厨不断地提炼、升华，造就了中华最高规格的筵席形式。我们今天应“取其精华、去其糟粕”，让它来源于人民大众，回归于人民大众，并贡献给世界大家庭。

宋波先生就是御膳大师中杰出的代表人物之一，多年来不离庖厨，遍访名师，查阅资料，深得宫廷御膳的精髓。他认真钻研，与时俱进，将现代营养学融入其中，有着深厚的文化涵养和精湛的技艺，他的作品结集出版是祖国膳食文化的一件大事，一定会青史留芳。

爱新觉罗文化研究会顾问、清史学者：爱新觉罗·金诚

2018年6月27日

清代御膳房简介

封建时代皇帝的饮食谓之御膳，而烹制御膳之厨房即称御膳房。每个朝代之御膳均各有特色，但有一共同点，采用当时之最好食材，由技艺最为高超的厨师烹饪而成，无论口感、营养、造型或色、香、味、型均达到当时的完美境界。故而它代表当时最高的厨艺水平。

清代系我国最后一个封建王朝，除了继承以前诸朝代御膳特色和长处之外，又有新的开拓和发展。清代皇帝系满族，清代御膳中自然要融入满族的饮食风俗，对御膳有了进一步提升和发展，可以说，清代御膳是我国御膳发展的最后阶段，亦是最高阶段。

清宫御膳不仅用料名贵，而且注重菜肴的品相和造型。不仅在烹饪方法上已形成固定模式，将其视为不可逾越的“祖制”，所用各种原料、辅料及配伍，也不可随意变动。清宫御膳主要由满族菜、鲁菜和淮扬菜构成。御厨对菜肴的造型艺术十分讲究，要求菜肴在色彩、质地、口感、营养诸方面彼此间要协调、归同。清宫御膳尤其强调礼数，奢侈靡费极为突出。皇帝用膳前，必须摆好与其身份相符之菜肴。清代晚期，皇帝用膳更为铺张。史载，努尔哈赤和康熙用膳尚简约，乾隆帝每次用膳都要有四五十种，光绪帝用膳则以百计，而慈禧每次用膳种类更多。所以，清宫后期之御膳，无论质量和数量均属空前。清宫御膳宴礼名目繁多，唯以千叟宴规模最盛，排场最大，耗资最巨。

清宫御膳房概况

清宫御膳房隶属内务府，系掌管宫内备办饮食，及典礼筵宴所用酒席等事务之机构。

清朝顺治初年，管理皇帝、后妃及宫中其他皇室成员的饮食、筵宴机构分别称

“茶房”和“膳房”。乾隆十三年（1748年）。茶房、膳房合并为“御茶膳房”，其长官为管理事务大臣。御茶膳房设在紫禁城南三所西则。《内务府册》载：“茶膳房在中和殿东围房内，乾隆十三年，以箭亭东外改为御茶膳房，门向东，门内向北，东西黄琉璃瓦房八楹，西南黄琉璃瓦房十二楹，又南北瓦房九楹。”

外御膳房，位于景运门外，又称“御菜膳房”，不但制作大宴群臣的“满汉全席”，而且还为值班大臣备膳。

大内御膳房，是专为皇帝服务的膳房，位于养心殿正南，又称养心殿御膳房。

园庭御膳房，设在圆明园和颐和园等御园内。

行宫御膳房，设在热河避暑山庄、泺水、张三营等行宫。

内膳房，是皇后、妃、嫔的膳房。皇帝内眷共分为皇后、妃、嫔等，分别住在紫禁城大大小小的宫院内，都有各自的膳房。后妃们约分为八个等级，各按级别供应膳食，级别越低，膳房越小，菜点越少，餐具也从金、银，到锡、铜、瓷不同。

御膳房设有荤局、素局、烧烤局、点心局和饭局等五局。

满汉全席形成

清宫御膳规格最高当属满汉全席，它被视为最能显示宫廷菜肴特点的宴席，代表了清宫宴席最高水平。

“满汉全席”是既有满族和汉族菜肴的一套筵席，各个不同地域流传的满汉全席相互间虽有差异，但基本菜式是一致的，均以肴馔丰盛、用料珍贵为特色。菜品数量一般在120多种，食材以各种山珍海味为原料，有“山八珍”“陆八珍”“海八珍”之说。“山八珍”即熊掌、鹿筋、猩唇、猴头、罕达堪、豹胎、飞龙、人参。“陆八珍”即哈什蟆、驼峰、口蘑、玉皇蘑、风爪蘑、玉米珍、沙板鸡、松鸡。“海八珍”即鱼翅、鲍鱼、干贝、燕窝、海参、鱼肚、鱼唇、裙边。实际上，各种“八珍”食材各有多种说法。清代诗人袁枚在《随园食单》中谓：“满菜多烧煮，汉菜多汤羹”，总结了满菜和汉菜的特点。后来在满汉全席中又加入了蒙古族、回族、藏族的食品、菜点和水果，使满汉全席更丰富多彩。席面的豪华，餐具的奢侈，礼节的繁琐，烹调技艺的高超，均达到空前的高度，成为我国历史上最豪华的大宴。

李斗著《扬州画舫录》一书卷四，新城北录中，其中对“满汉全席”有详细记载。扬州买卖街前后皆为大厨房，以备六司百官食饮。满汉菜点达100多种。

满汉全席特点

一、每一个筵席都有一个故事来历。排列的菜肴从色香味型及寓意都要非常讲究。

二、选料精，用料奇，下料狠，品种繁多（本书所用野味均来自人工养殖）。

三、烹饪技术精湛，技术复杂，加工精细。

四、刀工讲究，火候足时。

五、善于调味，以五味调和百味香，宫廷菜有九九八十一口味之说，以达到其味万方之意境。

六、讲究搭配科学合理，做到皇帝不吃寡妇菜。

七、菜名典雅，富有诗情画意。

八、餐具华贵古雅。

九、用餐礼仪程序繁杂。

目录

满汉全席第一度之天龙宴

满汉全席第二度之万寿宴

满汉全席第三度之凯旋宴

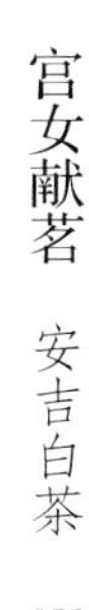

满汉全席第四度之鹿鸣宴

满汉全席第五度之九白宴

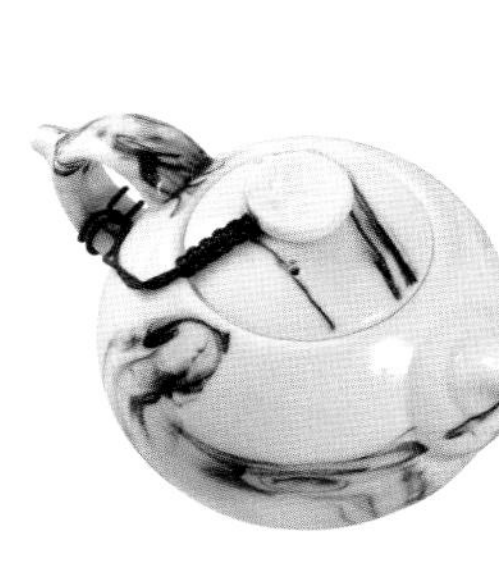

编辑说明

因满汉全席的上菜顺序有固定模式，同时因菜品的规格不同，常出现一大带四小，或者一大带六小的情况，故在本书目录编排时，为尊重满汉全席祖制，目录层次不同以往，特此说明。

满汉全席第六度之金凤宴

满汉全席

第一度之天龙宴

古代皇帝称为天子，自誉为自己是真龙转世。在登基之时，大摆筵宴。到了清朝更是如此，清自一六四四年入关后定都于京，顺承明朝皇帝登基仪式。清朝十帝继承皇位时，为显示国太民安、皇恩浩荡，都在太和殿大摆筵宴犒劳九卿六部、满汉大臣、诸藩使节。此宴汇集满汉众多精肴奇馔，择取时鲜海货，搜寻山珍异兽，是美食纷呈、礼仪隆重、古乐萦绕的宫廷名宴，显示以帝王为中心的各民族大臣团结繁荣景象。

宫女献茗

黄山毛峰

四干果

巴旦木

杏仁

榛子

松子

四蜜饯

蜜红葡萄

蜜番茄脯

蜜橘脯

地瓜干

四调味（宫廷小酱菜）

酱花生

玫瑰苤蓝

酱地环

芝麻金丝

宫廷冷点四品

红参糕

主料： 红参500克，白糖250克，琼脂15克。

制法： 红参洗净蒸熟，碾成泥状，加入白糖、琼脂汁水，用微火熬制黏稠，光泽透亮，倒入模子晾凉，切成小方块装盘即可。

特点： 软滑香甜，有消食下气之效。

翡翠糕

主料： 鲜豌豆500克，白糖300克，琼脂7克。

制法： 鲜豌豆去皮洗净煮熟，放在打碎机里打碎，过箩加入白糖、琼脂，用微火熬制40分钟，有黏稠和光泽，倒入模具中晾凉，切成小方块装盘即可。

特点： 软滑香甜，有调中益气之效。

富贵糕

主料： 金瓜500克，白糖250克，琼脂15克。

制法： 金瓜去皮切成小块蒸熟，过箩成泥状，加入白糖、琼脂，用微火熬制黏稠光泽润亮，倒入模具中晾凉，切小方块装盘即可。

特点： 软滑香甜，有清热润肺之效。

千层椰汁糕

主料： 椰汁250克，牛奶250克，可可粉15克，鱼胶粉80克，白糖400克。

制法： 可可粉加入鱼胶粉40克、白糖和热水搅拌匀晾凉，倒入模具中，椰汁加入牛奶、白糖及余下鱼胶粉和热水搅拌匀，等温度降下来，倒在可可粉糕上晾凉，反复几次，切小方块装盘即可。

特点： 奶香滑甜。

前菜龙腾盛世
艺拼六围碟

水晶鸭舌

主料：乳鸭舌250克，净猪皮500克。

调料：黄酒50克，盐、香叶、葱姜、花椒各少许。

制法：鸭舌加葱姜、黄酒、香叶、盐煮熟剔除小骨；净猪皮焯水洗净切丝，加入花椒、姜片蒸透至黏稠透亮，篦出汁；用小汤匙盛好鸭舌，浇上水晶汁晾凉，起出装盘即可。

特点：清凉爽口，有美容玉颜之效。

竹林养颜蹄

主料： 猪蹄3只。

调料： 盐焗鸡粉、盐、味精、白糖、沙姜、良姜、香叶各少许。

制法： 猪蹄用火燎净毛，用温水洗净上火焯水，倒入盛有香料的汤锅卤制熟透，捞出拆除骨头，把肉用纱布卷紧压制，晾凉切片装盘即可。

特点： 鲜香软糯，有养颜护肤之效。

清水东山羊

主料： 海南东山羊500克。

调料： 沙葱酱汁30克，白萝卜250克，葱姜各10克，花椒少许。

制法： 羊肉洗净入凉水锅焯水；将萝卜、葱姜、花椒及羊肉放入汤锅加纯净水，将羊肉卤制熟捞出，晾凉改刀装盘即可，沾沙葱酱。

特点： 鲜香爽口，有健体补虚之效。

徽乡贡菜

主料： 贡菜200克。

调料： 花椒油5克，碘盐3克，味精、熟芝麻、白糖、香醋各适量。

制法： 贡菜用沸水泡透，挤干水切成寸断，用所有调料拌匀装盘即可。

特点： 脆嫩爽口，有清热除烦之效。

松香蒲公英

主料： 蒲公英500克，炸松子20克。

调料： 碘盐3克，味精少许，麻油3克。

制法： 蒲公英择洗干净，用沸水烫熟捞出晾凉，切成寸段，加入味精、碘盐及麻油拌好，撒上炸松子，装盘即可。

特点： 咸鲜略苦，有清热解毒之效。

玉带养心菜

主料： 养心菜500克，带子50克。

调料： 碘盐3克，味精少许，麻油3克。

制法： 养心菜及带子择洗干净，用沸水烫熟捞出晾凉，改刀，用调料拌好，装盘即可。

特点： 咸鲜适口，有养心平肝之效。

膳前御宴汤一品

皇家御品佛跳墙

一句“坛启荤香飘四邻，佛闻弃禅跳墙来”成就了一道名肴——“佛跳墙”。这是清朝年间，福州官员进献给道光皇帝的名菜，后经宫廷御厨多次改进，终成皇家满汉席中的一道大菜。

本菜在干贝、鱼翅、鲍鱼、鹿筋、辽参、花胶、鱼唇、裙边八珍基础上，又加入火腿、鸽蛋、飞龙、冬菇、笋干，再放入符合时令季节又具养生功效的中药材，将这些食材在特制的紫砂鼎中煨制一天一夜而成。此菜营养丰富，具有滋阴明目、补血养颜、强体健身之效。

仙人指路

“仙人指路”是御厨根据颐和园十三景之一“乐寿堂”（慈禧的寝宫）门前的两只铜铸仙鹤创制而成。仙鹤在古代是“一鸟之下，万鸟之上”，仅次于凤凰的“一品鸟”，明清一品官吏的官服上刺绣的图案就是仙鹤。暗喻两只铜铸仙鹤给慈禧和大清增寿及增运之意。“仙人指路”是用蒸好的蛋白糕刻成仙鹤的头部，用鱼翅做成仙鹤的翅膀，用发好的燕窝做仙鹤的身体，用发好的香菇做成仙鹤的尾巴，用胡萝卜做腿、脚，配以顶汤即可。

雪山驼掌

自从秦汉时期开辟“丝绸之路”以来，骆驼就是不可缺少的交通工具。历代商人每次路过天山，都是皑皑白雪，终年不化，雪山驼掌正是御厨根据此景创制。驼掌又是宫廷菜北八珍之一，把驼掌加调料、药材、蔬菜及水果煮制熟，切丝和香菜爆炒而成。

平湖秋月

“平湖秋月”圆明园四十景之一，清朝雍正皇帝每年秋夜都会来此赏月，此时湖平如镜，月光如昼、桂花飘香，四时月好最宜秋，令人遐想联翩，回味无穷。清宫御膳房的厨师照此情景给皇帝做了此菜，雍正皇帝龙颜大悦，并打赏厨师。此菜作为宫廷名菜流传下来。

玻璃飞龙

“天上龙肉，地下驴肉”，这是民间公认最好吃的东西。龙肉并不是指十二生肖中那个龙的肉，而是指飞龙（也叫榛鸡）的肉。清朝时，榛鸡成为皇家贡品，被赐名为飞龙、岁贡鸟。每到冬季，御膳房将进贡来的飞龙剔骨，切丝加入马蹄用玻璃纸包好，炸至而成。此菜作为皇家的养生菜，由御厨一代一代流传下来。

梅花鹿筋

清朝乾隆是历代帝王中深通食疗和养生的皇帝。鹿筋更是每到冬季必享食材，御厨将其发制好之后，去其腥臊提鲜香，最后用大葱烧之。鹿筋软糯入味，葱香浓郁，又有补肾阳、壮筋骨之效。

宫廷御点二品

紫气东来

紫气东来出自《列仙传》记载："老子西游，关令尹喜望见有紫气浮关，而老子果乘青牛而过也"，紫气东来一词，即由此而来，旧时比喻吉祥征兆。此菜选用澄面加紫菜头、蔓越莓馅制成，香郁酸甜。

田园风光

选用糯米粉加金瓜茸制成，软糯香甜，具有舒筋通络的养生功效。

乌龙出海

此菜根据颐和园十三景之一“仁寿殿”门前两条铜铸龙创制。古代历来以龙象征皇帝，凤象征皇后，习惯设置龙居中间，凤靠边侧。但慈禧掌权后，便将龙凤位置颠倒，“凤在上、龙在下”，以显示她的权威。仁寿殿门前摆置应该就是这样的诠释吧。此菜选用发好乌参，加老鸡、肘子、火腿及虾干煨制软糯即可。

冰皮石榴鸡

冰皮石榴鸡是慈禧寿宴上不可缺少的祝寿菜肴。冰皮粉加沸水搅拌均匀，搓成小剂后擀成圆片，包入熟鸡肉、鲍鱼、元贝、海芦笋、香菇、马蹄、豌豆粒、火腿粒即可。寓意多子多孙。

曲院风荷

曲院风荷是圆明园四十景之一，位于后湖与福海之间，仿制杭州西湖同名景观。原是宋朝的一处酒作坊，四周有池，荷花随风飘荡其中，乾隆喜欢这个景致，于是仿制于此。乾隆九年御制诗赞“曲院风荷”，“香远风清谁解图，亭亭花底睡双凫。停桡堤畔饶真赏，那数余杭西子湖！”此菜是御厨根据此景此意创制而出，每到夏季，乾隆都让御膳房厨师做“曲院风荷”品鉴。

桂花金菊蟹

此菜是慈禧太后每年秋季必吃的菜肴之一。秋季菊花开放，也是各地向朝廷缴纳贡品的时节，其中就有鄱阳湖和洞庭湖出产的湖蟹。御厨把蟹蒸熟后拆肉，加干贝、银芽和菊花一起炒熟，即为“桂花金菊蟹”。慈禧每次食后，都会赏赐御厨，可见她对这道菜肴的喜爱。

坚果兔肉

清中期，每年冬季盛京将军向朝廷进贡各种野味，兔肉就是其中之一，御膳房的厨师把兔肉做成各种菜肴，坚果兔肉就是其一，现在改用养殖兔。兔肉剔骨留肉，改成丁状上浆，加坚果炒制即可。

宫廷御点二品

柿柿如意

用澄面和金瓜茸加沸水搅拌均匀，包入柿饼馅蒸熟即可。软糯香甜，柿味浓郁。寓意万事如意，事事顺心。

鸿运当头

用澄面和玫瑰沸水搅拌均匀，包入草莓馅蒸熟即可。软糯香甜，草莓味道浓郁。比喻正是走好运的时候。

吉庆有余

这道菜相传是清朝历代皇帝岁末宴请大臣必不可少的一道佳肴。吉庆有余是中国传统吉祥纹样之一，寓意祥瑞，纹饰以一儿童执戟，上挂有鱼，另手携玉磬组成。“戟磬”谐音“吉庆”，“鱼”与“余”同音，隐喻“吉庆有余”，象征着国库充裕。娃娃鱼宰杀洗净改刀，用五花肉、香辛料、鸡汤及葱姜蒜烧熟即可。

菠萝香狍

“菠萝香狍”是清宫御膳中的一道象形菜，将狍子肉和五花肉打成馅，放入马蹄，调好味，沾上面包粒入油锅炸熟即可。

清风翠竹

天然图画是圆明园四十景之一，雍正时期称“竹子院”，深得皇上喜爱，相传隔几天雍正都要到此散心，更是作诗赞美“深院溪流转，回廊竹径通。珊珊鸣碎玉，袅袅弄清风。香气侵书帙，凉荫护绮栊。便娟苍秀色，偏茂岁寒中”。长期跟随皇上身边的太监便把这情况告诉御膳房总管，御厨按照这一描述做出一道宫廷名菜“清风翠竹”，并广泛流传到民间。

五彩绣球

这道“五彩绣球”是用干贝茸及五彩丝和虾、马蹄制作而成的。相传清朝盛世时期，某次乾隆的晚膳时献上，乾隆品尝后大加赞赏。在古代，绣球一般被视为爱情的信物，因此后宫中每次的嫁娶宴席上，都少不了这道菜。

明月上汤时蔬

清朝皇帝乾隆是一位对养生颇为有研究的帝王，一年四季都要进行食疗。“明月上汤时蔬”是乾隆夏季食单必不可少的一道养生菜，用头道鸡汤把时蔬浸熟即可。具有补气养心之效。

大内烧烤一品

烤藏香猪

第七世达赖喇嘛格桑嘉措曾进献给康熙大帝一批西藏的珍贵特产，包括藏香猪、藏香鸡、藏红花、冬虫夏草等。藏香猪生长在海拔3200米左右的高处，从小吃的是冬虫夏草，喝的是天然矿泉水，肉质细嫩鲜美无比。烤藏香猪是满汉全席中的一道大菜，即选用藏香猪这种“高原之珍”烤制而成。

宫廷饽饽二品

松茸饭

松茸饭是满族传统特色食品，清朝入关后，满族饮食风俗也传了过来。把米洗净加入适当的纯净水，蒸制七成熟放入野生松茸片，蒸熟即可。

烧鸭大麦饭

相传雍正年间，有一年深秋在圆明园批奏折到深夜感到腹饥，便让太监传膳，值班御厨打盹睡着了，本来做好的烧鸭已凉透，端上去肯定是要招杀头之祸的，厨师急中生智，把鸭子切成小粒和旁边一碗烧热的大麦饭拌匀，配以一碟宫廷小酱菜，给皇上端去，雍正尝后直夸好吃，“烧鸭大麦饭”也作为宫廷主食流传下来。

甜菜一品

金瓜雪蛤

雪蛤是东北每年向朝廷进贡的名贵原料，乾隆时期汪启椒的《水曹清暇录》上记载："东时关东来货佳味甚多，野鸭、鲟皇鱼、风干鹿、野鸡、风干羊、哈拉庆猪、风干兔、哈士蟆。"林蛙干用沸水泡透，摘出林蛙油，和金瓜一起蒸熟即可。据《本草纲目》记载：雪蛤油具有补虚润肺、强身健体的功效，自古在民间就被誉为与东北三宝齐名的传世滋补佳品。

回味香茗

云南滇红

满汉全席

第二度之万寿宴

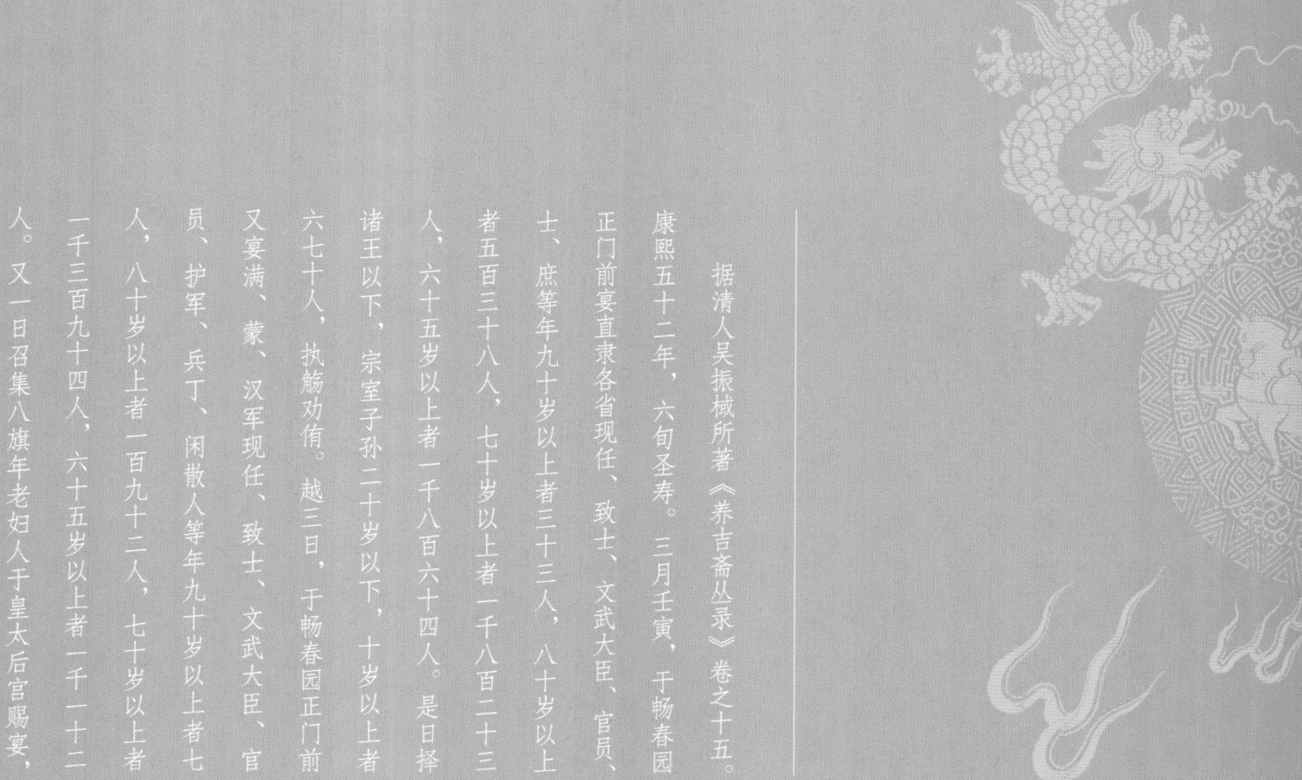

据清人吴振棫所著《养吉斋丛录》卷之十五。

康熙五十二年，六旬圣寿。三月壬寅，于畅春园正门前宴直隶各省现任、致仕、文武大臣、官员、士、庶等年九十岁以上者三十三人，八十岁以上者五百三十八人，七十岁以上者一千八百二十三人，六十五岁以上者一千八百六十四人。是日择诸王以下，宗室子孙二十岁以下，十岁以上者六七十人，执觞劝侑。越三日，于畅春园正门前又宴满、蒙、汉军现任、致仕、文武大臣、官员、护军、兵丁、闲散人等年九十岁以上者七人，八十岁以上者一百九十二人，七十岁以上者一千三百九十四人，六十五岁以上者一千一十二人。又一日召集八旗年老妇人于皇太后宫赐宴，为天下老人增福添寿。

宫女献茗

安溪铁观音

四干果

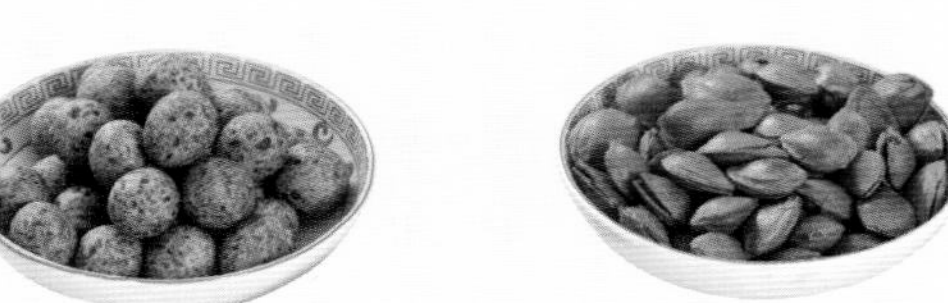
脆果 杏仁

胡桃仁 酥黑豆

四蜜饯

蜜青梅

阿胶小枣

苹果脯

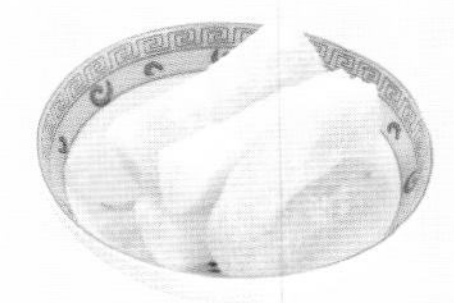
糖冬瓜

四调味（宫廷小酱菜）

酱萝卜

酱瑶柱

酱藕

麻仁腌菜

宫廷冷点四品

豌豆黄

主料： 去皮豌豆500克，白糖300克，琼脂15克。

制法： 豌豆加水泡8小时，煮烂，过箩成泥状，加入白糖、琼脂，用微火熬制黏稠光泽润亮，倒入模具中晾凉，切小方块装盘即可。

特点： 软滑香甜，有调颜养身之效。

小豆糕

主料： 小豆500克，白糖250克，琼脂15克。

制法： 小豆加水泡一夜，煮烂，过箩成泥状，加入白糖、琼脂，用微火熬制黏稠光泽润亮，倒入模具中晾凉，切小方块装盘即可。

特点： 软滑香甜，有清热解暑之效。

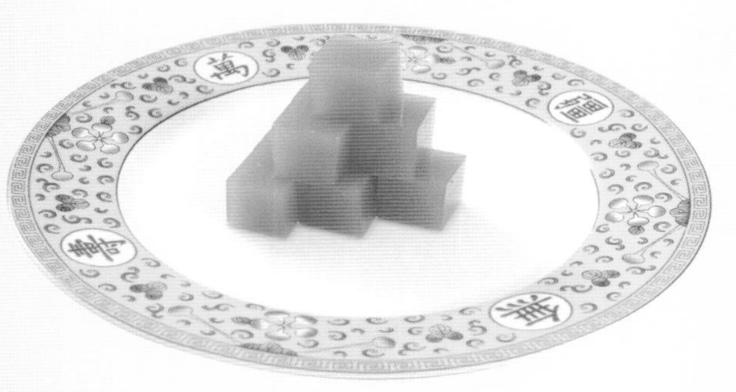

木瓜糕

主料： 木瓜500克，白糖350克，琼脂17克。

制法： 木瓜削皮，切块蒸烂，过箩成泥状，加入白糖、琼脂，用微火熬制黏稠光泽润亮，倒入模具中晾凉，切小方块装盘即可。

特点： 软滑瓜香，有健脾消食之效。

和平糕

主料： 云豆500克，白糖200克，金糕250克。

制法： 云豆泡8小时，加碱面煮熟去皮，过箩成泥状，放在纱布上做成0.5厘米厚的片，一层白糖，一层金糕做成3厘米高即可。切小方块装盘即可。

特点： 软滑香甜，有滋补养身之效。

前菜增福添寿艺拼六围碟

糟香河虾

主料：河虾500克。

调料：兑好糟卤汁500克，葱姜及花椒少许。

制法：河虾洗净剪去虾须脚，加花椒及葱姜煮熟，放入糟卤汁里泡8小时。起出装盘即可。

特点：糟香爽口，有活血温肾之效。

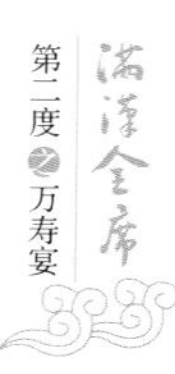

珊瑚瓜卷

主料：黄瓜500克，青蟹400克。

调料：锌盐、黄酒、姜各少许。

制法：黄瓜片去肉留皮腌制，青蟹加姜及黄酒蒸熟拆肉，加姜茸炒制，放在黄瓜皮上卷好，改刀装盘即可。

特点：爽脆蟹鲜，有清热解毒之效。

鲜椒螺片

主料：海螺肉500克。

调料：青花椒、青葱叶、酱油、白糖、味精、汤及碘盐各适量。

制法：海螺肉洗净，片成片，焯水，放入调料拌匀，装盘即可。

特点：爽口芳香，有滋阴明目之效。

酒香蛋黄鸭卷

主料：白条鸭1只，咸鸭蛋黄15个。

调料：酱油50克，白酒、盐、葱姜各适量。

制法：鸭子剔骨留肉，用调料腌制，蛋黄放在鸭肉上卷紧用纱布包好，蒸2小时晾凉，改刀装盘即可。

特点：鲜香柔嫩，有滋阴补肾之效。

鲮鱼菠菜苗

主料： 菠菜苗500克，熟鲮鱼100克。

调料： 芥末油5克，碘盐、醋各适量。

制法： 菠菜摘洗干净，用调料入味，装盘即可。

特点： 爽口，辛辣芳香。

千层素衣

主料： 豆皮500克。

调料： 辣椒10克，花椒10克，香料10克，碘盐、味精、白糖各适量。

制法： 豆皮用沸水煮透，用重物品压制晾凉，改刀菱形块，入油锅炸干，加调料用微火煨透入味，装盘即可。

特点： 麻辣鲜香。

膳前御宴汤一品

帝王养生汤

清朝皇帝乾隆是一位对养生颇有研究的帝王，一年四季都要进行食补。相传“帝王养生汤”便是太医院单独给乾隆开出的药食两用的膳食，是乾隆常食之膳，尤其在乾隆的晚年，他更是常品此肴。根据季节的变化，食材也要更换，此菜用孔雀肉做成茸，鱼翅、黄芪、党参、瑶柱、松茸、帝王蟹一起放在椰盅里炖1小时即可。此菜用料讲究，是御膳房一年四季必备的御膳之一。现制作此菜可选用鸡胸肉或鹅胸肉。

仙桃玉掌（赛熊掌）

熊掌是历代宫廷御膳珍贵食材之一，又是“山八珍”之首，非技艺高超庖厨不能烹之，中华人民共和国成立之后，熊被列为国家一级保护动物，不可再用熊掌入菜，此菜现改用驴皮、腱子肉、驼黄、鹿筋来制作赛熊掌，四周围上泥茸做好的仙桃即可。

祥云如玉

“祥云如玉”是清宫御膳中的一道养生菜，用灵芝粉和鱼皮烧好后装入盘中，码上金瓜和鱼茸做的祥云即成。具有滋补、养颜润肤、延缓衰老之功效。鱼皮作为主菜常用于筵席。

喜鹊登枝

相传“喜鹊登枝”是乾隆年间，御厨根据圆明园四十景之一“镂月开云”所创。雍正年间称“牡丹亭”，康熙、雍正、乾隆三位皇帝，当年曾一起在这里赏牡丹，因而这里被看作是“太平盛世”的象征。乾隆九年（1744年）牡丹台改名"纪恩堂"以纪念康熙六十一年祖孙三代在此聚会赏花的往事，后改称“镂月开云”。豆腐、带子及虾打成蓉，里面放八宝馅，面上做成喜鹊登枝的图案，蒸熟即可。

橙香鹿柳

“橙香鹿柳”是御厨按照清宫太医给出的“阴阳平衡”的养生理论烹制而成的。《本经逢原》中记载：“鹿性补阳益精，男子真元不足者宜之”。鹿肉性热，橙子性寒凉，两者相配，凉热协调，相得益彰。乾隆皇帝把养生和饮食搭配得非常科学而自然，这也是他长寿的秘诀之一吧！

花菇浸豆尖

“花菇浸豆尖”是御膳中一道夏季时令蔬菜，每年豌豆尖成熟的季节，御膳房都会做这道菜给皇上、皇后、妃子品鉴。

宫廷御点二品

长生及第

由油水酥加吉士粉，花生、花生酱、白糖制做成长生果造型，其味香甜，可滋补气血。寓意长生增寿。

岁岁平安

选用油水酥加苹果馅制作成苹果形状，果香浓郁、酥甜可口，寓意岁岁平安。

鹤鹿同春

唐德宗年间，朝廷准备开科举选拔人才，各地的学子纷纷进京应试。话说杭州有两个才华横溢的书生——贺心同和路进春，二人同窗五载，情投意合，约定一起赴京赶考。其实，路进春是个大家闺秀，外出时女扮男装，大家并不知情。一番考试之后，二人都金榜题名，路进春中了状元，贺心同中了榜眼。二人乘着高头大马回家报喜，拜谢老师的栽培之恩。老师备宴给他们接风洗尘，酒过三巡之际，细心的师娘发觉路进春不像男儿身，再三询问，路进春只好不好意思地吐露了实情。于是师娘做媒，让贺心同和路进春缔结良缘。喜宴上，师娘又亲自动手，用鹿尾、嫩鸡脯肉、鱼肉做了一道菜肴，取名“鹤鹿同春”。

金猴献寿

在清朝，猴头菇与燕窝、鱼翅并列为“御膳三珍”，每次慈禧过寿，御膳房的御厨们都会用猴头菇制作一道“金猴献寿”的喜庆菜肴来讨“老佛爷”的欢心。这道菜造型美观，寓意吉祥，慈禧很喜欢，每次都要重赏御厨们。

云中三鲜

相传清末年间，一天上午慈禧太后在颐和园昆明湖游玩，走到湖的东南角，正值夏季，湖里荷叶碧绿层叠，荷花白中带红，慈禧也感觉累了，就此歇息欣赏湖里的美景，又到午饭时间，命太监传膳，不一会儿太监端上来一道黄澄澄冒着香气的菜肴，慈禧品尝后，喜笑颜开，问此菜何名，太监回话五香卷，慈禧此时心情极好，说此菜味道好，名字不雅，正好看到天气晴朗，空中白云朵朵，便赐名“云中三鲜”。

满汉独圆

“满汉独圆”是御膳中既要功夫，又有故事传说的一道菜肴。相传康熙年间，皇帝在朝堂上见满族大臣和汉族大臣不和睦团结，不利于国家发展。于是在上元节宴请满汉诸大臣，其中有一道色白如意，形如圆球的菜肴，康熙一定让所有大臣都要品尝，大家伙儿拿筷子一夹，菜肴顿时散开，里外三层，大臣们顿时明白皇帝的意思，从此满汉大臣互相团结。此菜用猪肉、鱼肉、马蹄及鸡汤炖制而成。

菊花银牙柳

“菊花银牙柳”是清宫御膳中的一道秋季养生菜，每年秋季御膳房都要烹制此菜给皇上、贵妃、皇子们品尝。

宫廷御点二品

多子多孙

糯米粉和澄面用沸水搅拌均匀，包入石榴馅蒸熟即可。软糯香甜，寓意多子多孙。

吉祥如意

糯米粉和澄面用沸水搅拌均匀，包入橘子馅蒸熟即可。软糯香甜，寓意吉祥如意。

宫门献鱼

相传康熙九年，皇帝南下暗访民情。这一天来到“宫门岭”。

“宫门岭”山势高耸，十分险要，就在此岭下有个天然大洞，洞宽丈余，形如宫门。据传春秋时期，楚武王领兵路过此处，挥笔疾书，留名“宫门岭”。

大洞分为东宫门和西宫门，东宫门外是一溜山坡草地，西宫门外有一个池塘。由于这里是交通要道，车水马龙，来往行人很多，往东、西宫门外都开设了很多杂货铺、酒店、饭馆和旅馆等。

这天中午，康熙私访来到西宫门外，见池塘边有家小酒店，就推门进去，刚坐稳，店小二便满脸堆笑地跑了过来说，“客官，吃点什么”?“一条鱼，一斤酒”，康熙说。

一会儿功夫，店小二就把鱼、酒送到了康熙面前。康熙自斟自饮，吃得很香，一会儿功夫吃完一条鱼，又要了一条。这鱼实在好吃，康熙就问店小二说：“店家，请问此菜何名？”

“腹花鱼。”“为何唤作‘腹花鱼？’”康熙好奇。店小二指着窗外的池塘说：“客官，这鱼长在这池里，它爱吃池中的鲜花嫩草，又因为这鱼腹部长着金黄色的花纹，所以叫‘腹花鱼’。”

“原来如此”。康熙说道，“店家，我给此鱼改个名如何”？于是，康熙就叫店小二拿来了笔、纸、砚、墨，提笔写了“宫门献鱼”四个大字，最后又写上了“玄烨”二字，写完便走了。

过不久，朝廷驻浙江总督路过此处，发现这家店门上挂着“宫门献鱼”署名“玄烨”的牌子，大吃一惊，就问店小二牌子的来历。

店小二就一五一十地说了一遍。总督听罢惊呼：果真是当今天子康熙所写。

从此以后，凡是路过此处的行人，都要到店里尝尝“宫门献鱼”这道菜。从此，这个小店也就宾朋满座，生意兴隆起来了。用桂鱼头尾一起烧，鱼肉制作成泥茸，码成门型，摆在头尾中间即可。

清宫万福肉

相传清宫历代皇帝、皇太后做寿时，要求寿宴上各菜的陈列、菜名都要蕴含吉祥如意、福禄寿喜之意，以示祥瑞。慈禧太后的寿宴就更加隆重，所列菜点达到一百二十多样，鸡、鸭、鱼、肉和各种山珍海味齐全，菜名要有“龙凤”“八宝”“万寿无疆”之类词语，万福肉便是其中之一。

此菜精选山猪肉，用连刀的方法切分，配以怀柔板栗、山东金丝小枣、西湖莲子，经过蒸、煮、炸、烹、扣多道工序制成，形如花朵，肥而不腻，又有多子多孙的吉祥寓意。

罗汉大虾

相传东汉末年，刘秀反抗王莽兵败，一直被追兵追至山崖无路可走，眼看就要被追兵抓住。这时空中飘来两朵彩云，上面站着降龙、伏虎两位罗汉，把刘秀从地上轻轻提起放在彩云中，也不知过了多长时间，才感觉落了地，刘秀觉得就像做梦一样，但确实脱险了。刘秀登基后，一直对此事念念不忘，大修寺庙，供奉降龙、伏虎罗汉。宫中御厨见皇帝如此感念罗汉，就琢磨用大虾制作了“罗汉大虾”这道菜，刘秀龙心大悦，重赏了御厨，此菜就作为皇家御膳一直流传下来了。

武陵春色

“武陵春色”是圆明园四十景之一，相传乾隆为皇子时，曾在此读书。据说当年这一带山间、溪畔种有上万株山桃树，山上山下不时点缀着高大的青松和湖石。每到阳春三月桃花盛开的时候，这儿的景色美极了。山上山下、溪水两旁，到处是粉红色、白色盛开的桃花。无数盛开的桃花倒映在清澈碧绿的溪水中，既像天上落下的彩霞。各色花瓣散落树下，又像铺在地面的鲜艳花毯。正如乾隆在“武陵春色”诗序中所说：“落英缤纷，浮出水面。或潮曦夕阳，光炫绮树，酣雪烘霞，莫可名状”。御膳房厨师根据这一景色，用时令荠菜和盛京进贡的鹌鹑和烹而成。

四宝时蔬

“四宝时蔬”是清宫御膳中的一道时令菜，每值夏季，各地进攻的时蔬品种繁多，御厨便把几种蔬菜经过刀工处理，放在一起烹制，色彩多艳，营养丰富。

大内烧烤一品

松香烤鹿腿

“满族定鼎中原以前是游牧民族，善骑马射猎。创立清朝并定都北京后，历代皇帝都会带着朝廷要员、皇子皇孙去木兰围场猎杀野鹿。在之后的篝火晚会中，皇上和众臣一边欣赏着歌舞，一边吃着御厨用松木烤熟的鹿腿，以示不忘祖宗，不忘游牧的生活习惯。

宫廷饽饽二品

长寿面

在民间历来就有生日吃长寿面的习俗，相传与汉武帝有关。

相传，汉武帝崇信鬼神又相信相术。一天与众大臣聊天，说到人的寿命长短时，汉武帝说：《相书》上讲，人的人中长，寿命就长，若人中1寸长，就可活到100岁。坐在汉武帝身边的大臣东方朔听后就大笑起来，众大臣莫名其妙，都怪他对皇帝无礼。

汉武帝问他笑什么，东方朔解释说："我不是笑陛下，而是笑彭祖。人活100岁，人中1寸长，彭祖活了800岁，他的人中就长8寸，那他的脸有多长啊。"众人闻之大笑起来，靠脸长推断长寿是不科学的。

脸即面，那"脸长即面长"，于是人们就借用长长的面条来祝福长寿。渐渐地，这种做法又演化为生日吃面条的习惯，称之为吃"长寿面"。一般来说，长寿面整碗只有一根面条，吃的时候最好不要弄断，这一习俗一直沿袭至今。

百子寿桃

寿桃是汉族神话中可使人延年益寿的桃子。《太平御览》卷九六七引汉东方朔《神异经》："东北有树焉，高五十丈，其叶长八尺、广四五尺，名曰桃。其子径三尺二寸，小狭核，食之令人知寿。"寿桃是指祝寿所用的桃，一般用面粉做成。上了年纪的人过寿，都爱吃"寿面""寿桃"，以祈延年益寿。用精制高筋面粉加面肥和匀，饧好用特制的模具固定蒸熟即可。

甜菜一品

桂花炖明骨

光绪年间，相传慈禧过六十大寿，全国各地官员向朝廷进贡。

其中福建官员进贡一袋鲨鱼软骨，御厨们用多种烹饪方法烹制但无法入味，最后，一位做苏杭菜的御厨用桂花、冰糖和明骨一起炖之，众御厨品尝之后，纷纷夸赞，骨脆爽滑，香甜利口。老佛爷寿宴上当甜菜上之后，也作为宫廷菜流传下来了。

回味香茗

安化茯茶

满汉全席

第三度之凯旋宴

凯旋宴是清朝皇帝为前方打完胜仗的将士而举办的盛大宴会。始于乾隆年间，据清人吴振棫所著《养吉斋丛录》卷之十五记载：乾隆十四年和乾隆二十五年，清军两次平定叛乱凯旋后，乾隆都在丰泽园为出征的将士举办大型的凯旋宴。入班侍卫、凯旋侍卫、护军等的席位则设在帐殿两边的左右青幕下。同时，参与宴会演出的各项乐舞、善扑、杂技、百戏等人员也都就位，随时听候召唤，准备演出。

开宴前，负责宴会礼仪鸿胪寺的官员分别引导参加宴会人员找到自己的座位，大家向皇帝行一叩礼，皇家乐队奏响了动听的清乐，凯旋宴正式进行。先进茶，再进酒，后到进膳，期间都有各种娱乐节目表演。掌仪司的长官手拿酒壶，往爵杯斟满酒，把酒交给负责向皇上献酒的进爵大臣。进爵大臣接酒后，走到御座前，手捧酒爵行一叩礼，恭请皇帝饮酒，皇帝接过进爵大臣献上来的酒。随着皇帝一道『赐宴』口谕，尚膳总管奉旨率领手下用最快的速度把各种菜肴摆上各席。皇上手执杯卮亲自给凯旋而归的诸位大臣赐酒。大臣们纷纷离席，按次序走到皇帝的面前跪下，接过皇帝赐的酒，一饮而尽。为助凯旋大臣们的酒兴，皇帝下旨上演『庆隆舞』。随后各种娱乐节目纷纷登台演出。节目演出完毕，服侍人员撤出御筵退出。参加宴会的王公大臣们都站起来行礼离席。恭送皇上回宫。等皇上站起离座时，皇家乐队最后一次奏响中和韶乐。在悠扬典雅的乐声中，皇帝回宫，凯旋宴至此结束。

宫女献茗

安吉白茶

四干果

夏威夷果

松仁

大杏仁

碧根果

四蜜饯

蜜桃脯

蜜桑葚

蜜蔓越莓

香蕉片

四调味（宫廷小酱菜）

酱蕨菜干

黑芝耳菜

酱脆笋

酱雪菜

宫廷冷点四品

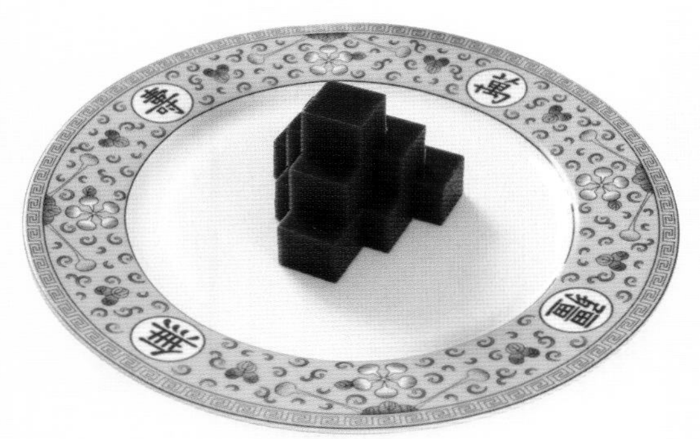

紫薯糕

主料：紫薯500克，白糖200克，琼脂15克。

制法：紫薯洗净蒸熟，碾成泥状，加入白糖、琼脂汁水，用微火熬制黏稠，有光泽透亮，倒入模子晾凉，切成小方块装盘即可。

特点：软滑香甜，有美颜补血之效。

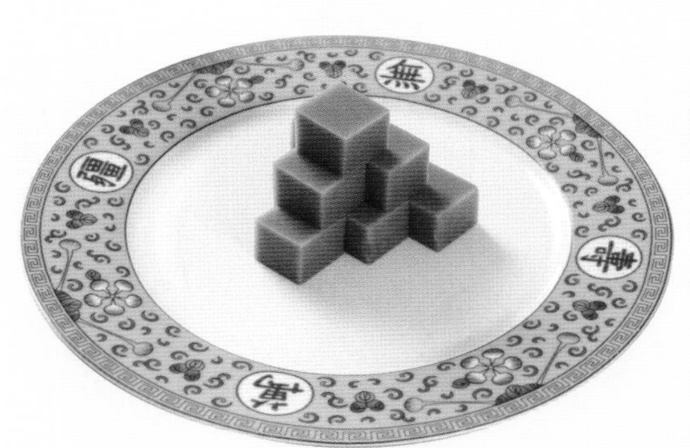

栗子糕

主料：板栗500克，白糖250克，琼脂17克。

制法：板栗洗净煮熟去壳，碾成泥状，加入白糖、琼脂汁水，用微火熬制黏稠，有光泽透亮，倒入模子晾凉，切成小方块装盘即可。

特点：软滑香甜，有益气壮腰之效。

芒果糕

主料：芒果500克，白糖250克，琼脂15克。

制法：芒果去皮洗净，榨汁过箩成泥状，加入白糖、琼脂汁水，用微火熬制黏稠，有光泽透亮，倒入模子晾凉，切成小方块装盘即可。

特点：软滑香甜，有解渴利水之效。

绿茶糕

主料：绿茶粉500克，白糖250克，琼脂19克。

制法：绿茶粉加入白糖、琼脂汁水，用微火熬制黏稠，有光泽透亮，倒入模子晾凉，切成小方块装盘即可。

特点：香甜茶香，有瘦身美容之效。

前菜雄鹰归来
艺拼六围碟

秘制小牛肉

主料： 小牛肉500克。

调料： 指干椒10克，碘盐、香辛料、时蔬、白糖各适量。

制法： 牛肉切片，油炸，加调料用小火焖熟，捞出装盘即可。

特点： 鲜香微辣，有开胃健脾之效。

跳水羊腱

主料：羊腱子500克。

调料：白萝卜200克，葱姜及香辛料、蒜蓉、鲜酱油、香醋、麻油、小米椒各适量。

制法：羊腱子洗净加入白萝卜、葱姜及香辛料，大火烧开，小火煮熟，晾凉；蒜蓉、鲜酱油、香醋、麻油、小米椒兑成跳水汁，羊腱子切片装盘，浇上跳水汁即可。

特点：鲜香爽口，有补虚健脾之效。

天香鳗鲡

主料：鳗鱼1000克。

调料：叉烧酱50克，排骨酱20克，海鲜酱20克，南乳20克，葱姜蒜各10克。

制法：鳗鱼宰杀干净，从后背用刀片开，用调料腌制8小时，晾干入油锅炸熟，改刀装盘即可。

特点：鲜嫩滑爽，有补虚养血之效。

香妃豆干

主料：豆干500克。

调料：花椒芽15克，锌盐、麻油各适量。

制法：豆干焯水去掉腥味，加调料拌匀装盘即可。

特点：韧爽芳香。

杏仁荠菜

主料：荠菜500克，杏仁20克。

调料：碘盐、麻油各适量。

制法：荠菜洗净焯水，杏仁煮熟，放入调料拌匀，装盘即可。

特点：本味突出，有利水明目之效。

淡菜春笋

主料：淡菜50克，春笋500克。

调料：蚝油、碘盐、麻油及葱姜各适量。

制法：淡菜用热水泡好择净，春笋改刀，加入调料用小火煨透，装盘即可。

特点：鲜香脆爽，有滋阴清热之效。

膳前御宴汤一品

三鞭海中鲜

相传“三鞭海中鲜”是清朝时期，太医为乾隆开的一道冬季食疗养生菜。将东北进贡的鹿鞭，西藏进贡的牦牛鞭、羊鞭，发制好并改刀，加入鲍鱼、干贝、虾干和鸡汤，用砂锅小火煨制36小时而成。

此菜用料讲究，火候足，味道醇厚绵绵流长，是御膳房冬季常备的御膳之一。

麒麟象肚

以鹿胎、五谷、莲子、白果、冬菇、银杏及瑶柱等食材经御厨巧配而成的“麒麟象肚”，构思新颖，造型逼真，烹调独特，是清宫御膳冬季滋补佳品。

把辅料整合加工，酿入鹿胎里，蒸制软烂。此菜外形似“大象”，故名“麒麟象肚”。

金鱼戏莲

相传唐朝玄宗年间，一个夏日，杨贵妃在御花园里赏花，看见池塘里金鱼游来游去，煞是好看。杨贵妃喜欢此景，久久不舍离去。高力士灵机一动，命御厨制作了这道名为“金鱼戏莲”的菜肴，用虾仁、虾肉制作成金鱼，中间摆上莲花，看起来就像金鱼在莲花旁游动一般，活灵活现。

凤尾鸵鸟

相传，清朝光绪年间，清宫御膳房有一位名叫“梁会亭”的著名厨师，擅长制作各种野味，“凤尾鸵鸟”就是出自他手。把鸵鸟肉切成凤尾形，去异味，加芫荽和之烹制。

此菜对刀工、火候要求极高。

明湖苏堤

“昆明湖”是颐和园十三景之一，湖里有荷塘和苏堤。相传，清朝乾隆年间，南巡带回苏杭名厨张东官，此人烹调技艺高超，善于动脑，乾隆十五年（1750年），乾隆皇帝为孝敬其母孝圣皇太后过六十大寿而建“清漪园”，后改名为“颐和园”。此菜为张东官根据这一景所创，孝圣皇太后寿宴上，御膳房献上此菜，皇太后大悦，乾隆皇帝看太后高兴，就大赏了张东官。“明湖苏堤”也就作为宫廷御膳名菜流传下来了。

抓炒鱼片

据传，慈禧太后的饮食，以讲究排场和挑剔著称。话说有一次慈禧用晚膳时，从御膳房鱼贯而出的菜肴流水似地摆在席上，慈禧一见就摇头摆手，一口未尝，令全部撤下。

正当御厨们诚惶诚恐之际，平日里烧火的一位姓王的伙夫操起了勺把，就见他把剩下的里脊胡乱抓了抓，便投在锅里烹炒起来。待菜肴盛入盘中时，慈禧正有微饿之感，忽然闻到一股异香扑鼻，便举筷品尝，然后忍不住连声称好，随口问道：这是一道什么菜呀？太监慌忙跪下，却不知此菜何名，脑海中忽然浮现刚才伙夫做菜时一把抓起原料，扔到锅中炒制的情景，便信口诌道："回老佛爷，此菜名叫'抓炒里脊'，是烧火的伙夫王玉山为老佛爷烹制的，故而不在御膳房的膳单之上。"慈禧听了十分高兴，当即给王玉山封了个"抓炒王"的称号。后来王玉山又相继做出抓炒大虾、抓炒腰花、抓炒鱼片，与抓炒里脊并称为宫廷"四大抓"。"抓炒鱼片"便是四大抓炒之一。

宫廷御点二品

硕果累累

糯米粉和澄面用沸水搅拌均匀，包入樱桃馅蒸熟即可。软糯香甜，寓意丰收、硕果累累。

蝶舞

糯米粉和澄面用沸水搅拌均匀，包入鲜虾馅蒸熟即可。鲜香可口。

梨花裙边

裙边常做筵席大菜或头菜，是滋补之品。相传清朝同治皇帝年青时体弱多病，太医给他开出很多食疗菜单以补益身体，其中就有这道“梨花裙边”。裙边有“补劳伤、壮阳气、大补阴之不足”的功效，这道菜即以裙边为主料，选用山瑞的裙边，将其发好后加蒜瓣、海米、鸡、鸭煨好，浇上原汁即可。

樟茶乳鸽

相传清代名臣丁宝桢曾是清代晚期的三朝老臣，与慈禧太后的交情也不错，特授予太子少保衔，很受慈禧的器重。他在四川任巡抚时常为慈禧太后捎去一些地方上的特产，他知道慈禧对吃很讲究，还把四川最优秀的厨师选派到宫里，专为慈禧改善和调剂饮食。

他曾选派成都人黄晋临到宫里伺候慈禧太后的膳食。黄晋临是当年成都的名厨，他在清宫御膳房为慈禧当差时，将宫廷里的熏鸭用料，改为用四川的樟树叶和茶叶，他熏制出的鸭子，味道奇香，与宫里原来的做法大为不同，他的手艺也深受慈禧的赏识。他做出的鸭子皮酥肉嫩，色泽深红油亮，具有特殊的樟茶香味儿。后来他又相继创出“樟茶鸡”“樟茶排骨”“樟茶乳鸽”，与“樟茶鸭”并称宫廷“四大樟茶菜肴”。“樟茶乳鸽”便是四大樟茶菜肴之一。

酱瓜玉丝

“酱瓜玉丝”是清宫御膳中的时令菜，每到夏季黄瓜成熟的时候，御厨们就制作酱瓜并和虾线搭配一起，做成“酱瓜玉丝”御膳供皇上、贵妃及皇子们品鉴。

梅花广肚

相传清朝乾隆皇帝是一个非常喜爱梅花的君主。他不仅在不能露地栽梅的宫中植梅，养盆梅观赏，而且到江南赏梅，曾六次到著名的赏梅胜地邓尉赏梅；自己画梅，而且喜欢收集鉴赏著名的梅画，甚至反复考证石碑上的梅画，而且用梅花比喻品格、精神，也非常赞赏那些以梅花自喻的高洁人士，特别是对开创唐朝最鼎盛局面的贤相宋璟“遥企名贤”，又是书梅花赋，又是写诗，又是作画，“手写古梅一本，摹勒廊壁，以志清标，庶使千载，下睹此树，犹景其人焉”。御厨根据乾隆这一爱好，制作了“梅花广肚”让传膳太监给皇帝端去品鉴，乾隆鉴赏之后，拿筷一尝，龙颜大悦，连说三声：好，好，好，并赏了御厨。后来这道菜作为御膳名菜广泛地流传到民间。

竹荪浸鲜笋

“竹荪浸鲜笋”是清宫御膳中的一道春季时令菜，用云南进贡竹荪和浙江进贡的鲜笋，用高汤浸熟即可。

宫廷御点二品

碧豆寻藤

糯米粉和澄面用沸水搅拌均匀，包入豆馅、白糖蒸熟即可。鲜香可口。

玉面葫芦

糯米粉和澄面用沸水搅拌均匀，包入哈密瓜馅，制作成葫芦形状并蒸熟，鲜香可口。

三夹石斑鱼

石斑鱼营养丰富，肉质细嫩洁白，类似鸡肉，素有"海鸡肉"之称。石斑鱼属于低脂肪、高蛋白的上等食用鱼。此菜用石斑鱼配以火腿、鲜笋、香菇蒸制。

金钱吐丝

乾隆年间，用铜铸成的钱币上面镶刻“乾隆通宝”四个字，象征着生意兴隆。而宫廷菜讲究造型，御厨根据这一形状创制出“金钱吐丝”。此菜用咸面包、虾肉、银鳕鱼及细菜丝，做出形状炸制而成。

凤脯珍珠

据史料记载：清朝乾隆下江南，苏州是他们停留时间最长的地方。苏州织造普福设宴招待皇帝一行，餐桌上有一道红白黄三色相互辉映的菜肴，煞是好看，吸引乾隆频频向此菜相望，苏州织造会意，赶紧把此菜端到皇帝面前，乾隆一尝，鲜味无比，赞不绝口，问菜何名？何人制作？织造答曰：菜名叫“凤脯珍珠”，是自家里名叫张东官庖厨制作。乾隆在苏州的这段日子里，都是张东官负责他们的饮食，回京时，也把他带回了京城，成为御厨。“凤脯珍珠”作为宫廷菜广泛地流传开了。

燕影金蔬

相传清朝康熙年间，众皇子都在南书房读书，每年春暖花开的季节，书房屋檐下都有一窝燕子整天在院子里莺莺燕舞，众皇子煞是喜爱，雍正登基后，看到从小一块儿读书玩耍的亲兄弟跟自己疏远对立，有一次下朝后，自言自语，十分怀念小时候在南书房一起读书，下课之余嬉戏逗燕之情。

太监总管李德全把这一情形告诉了御膳房，等到雍正皇帝用晚膳的时候，餐桌上有一道菜肴，中间形是燕子的巢窝，边上有二只燕子在环绕飞翔。雍正看完此菜，顿时想起小时候在南书房读书的种种往事，心中感慨亲兄弟还不如御膳房厨师懂自己呢！便赏了厨师，“燕影金蔬”作为清宫御膳便流传了下来。发制燕菜用高汤煨好，边上围时蔬做好的燕子即可。

蚕丝相烩

相传“蚕丝杂烩”是四川籍宫廷名厨黄晋临所创，四川一年四季气候湿润，盛产品种丰富的时令蔬菜，黄晋临进御膳房当差侍候慈禧时，便把此菜带入宫中制作，让老佛爷品鉴，慈禧品尝后，甚是喜爱。此菜色彩艳丽，营养丰富，发好皮丝和胡萝卜、白萝卜、青笋、香菇用鸡汤煨制熟即可。

大内烧烤一品

大内烤羊排

相传此菜始见于康熙年间，康熙为了和蒙古各部落首领联络感情，年年都要在一起秋狝围猎，打猎之后就地围坐烧烤各种战利品，烤羊排就是其中一道精馔。《养吉斋众录》卷十六记载：乾隆称之为"诈马宴"。常用此菜招待蒙古的王公大臣。绵羊排用蔬菜、香辛料腌制，用焖炉烤熟。

宫廷饽饽二品

野菜杂粮卷饼

相传乾隆六次南巡江南，每次都到韬光寺赏景赋诗，寺院有一道斋菜“野菜杂粮卷饼”，更是乾隆每次来到这里必品鉴的一道斋菜，回到宫中便让宫中的御厨仿做，此菜也作为御膳养生菜广泛地流传开了。

双色白菜蒸饺

高筋面粉加蔬菜汁，用开水拌匀，包入白菜、虾仁、笋粒，蒸熟。鲜香可口。

甜菜一品

葛仙米炖桃胶

相传清朝慈禧太后，晚年时候非常在意自己的仪容，经常传太医给自己开一些药食两用的菜肴，“葛仙米炖桃胶”就是其中一道，具有清神解热、抗皱嫩肤之效。葛仙米和桃胶发制好加冰糖炖熟即可。

回味香茗

祁门红茶

满汉全席

第四度之鹿鸣宴

鹿鸣宴源于唐代、流行于明清。每年科举乡试后、由皇帝亲自出题殿试毕后，设此宴慰劳中榜之举人和翰林院主考官员。开宴前奏鹿鸣曲，活跃气氛以示中榜人之才华。有诗为证『呦呦鹿鸣、食野之苹、呦呦鹿鸣、食野之蒿』，皇帝宴请科举学子以『鹿』为原料的宫廷御膳，用来表示皇恩浩荡和对人才的器重。鹿一直以来被崇为仙兽，意象为难得之才；皇帝贵为天子，『鸣』意为天赐，故皇帝为东，才子为客的这一御膳被名为『鹿鸣宴』，意指天子觅才、重才之宴。

宫女献茗

福建金骏眉

四干果

夏威夷果

巴旦木

酥蚕豆

开心果

四蜜饯

红葡萄干

地瓜干

番茄干

苹果脯

四调味（宫廷小酱菜）

玫瑰苤蓝

辣萝卜

酱脆瓜

酱椒

宫廷冷点四品

莲子糕

主料：莲子500克，白糖250克，琼脂15克。

制法：莲子泡透煮熟去壳，蒸烂，过箩成泥状，加入白糖、琼脂，用微火熬制黏稠光泽润亮，倒入模具中晾凉，切小方块装盘即可。

特点：软滑香甜，有清热降火之效。

香芋糕

主料：荔浦芋头500克，白糖250克，琼脂15克。

制法：荔浦芋头煮熟，过箩成泥状，加入白糖、琼脂，用微火熬制黏稠光泽润亮，倒入模具中晾凉，切小方块装盘即可。

特点：软滑香甜，有补气益肾之效。

奇异糕

主料：奇异果500克，白糖250克，琼脂15克。

制法：奇异果削皮打碎过箩，加入白糖、琼脂，用微火熬制黏稠光泽润亮，倒入模具中晾凉，切小方块装盘即可。

特点：软滑香甜，有减肥瘦身之效。

芸豆卷

主料：白芸豆500克，豆沙250克，碱面少许。

制法：芸豆泡透去皮，加碱面煮至用手一搓即可呈粉状时取出，用纱布包好，蒸1小时。取湿纱布平铺，芸豆泥放上，用平刀压成片，放入豆沙卷成卷，切小方块装盘即可。

特点：软滑香甜，有减肥瘦身之效。

前菜前程似锦
艺拼六围碟

如意鱼卷

主料： 青鱼肉500克，干苔菜50克，鸡蛋200克，五花肉100克。

调料： 碘盐、味精、白糖各适量。

制法： 把鱼肉和五花肉合斩成泥茸，加鸡蛋清及调料搅拌起劲。鸡蛋摊成蛋皮放上鱼肉、苔菜卷紧，上蒸箱蒸2小时，拿出晾凉切片装盘即可。

特点： 鲜香软嫩，有益气化湿之效。

酒香鹅肝

主料：鹅肝500克。

调料：碘盐、香辛料、糟卤、清酒各适量。

制法：鹅肝用80度水慢慢紧熟捞出，放入冰水冰镇1小时，放入调料内浸泡5小时，捞出切片装盘即可。

特点：咸香滑嫩，有养肝明目之效。

翡翠蹄膀

主料：蹄膀1000克，西兰花500克。

调料：高汤2000克，锌盐、香辛料、葱姜各适量。

制法：蹄膀剔骨用盐腌制8小时。高汤里加调料制成白卤水，放入蹄膀卤熟，放在模具里。西兰花煮熟切成末，卤水捞出调料加入西兰花碎，倒在蹄膀上面放入冰箱冷藏成冻，取出改刀装盘即可。

特点：鲜嫩滑爽，有滋阴生津之效。

陈皮牛肉

主料：牛肉500克。

调料：高汤500克，泡制陈皮15克，干辣椒、锌盐、香辛料、葱姜、白糖、醋、米酒、辣椒面、麻油各适量。

制法：牛肉切片过油炸成肉干，锅内放入香油烧热，依次把干辣椒、葱姜、香辛料放入煸香，加入高汤及牛肉，再放入余下调料小火收干汁。捞出装盘即可。

特点：鲜香微辣，有理气健脾之效。

昆仑紫茄

主料：长条紫茄500克。

调料：蒜蓉、姜茸、干辣椒、香醋、酱油各适量。

制法：茄子改成寸段，入热油锅炸熟捞出，放入调料汁中泡3小时。捞出装盘即可。

特点：香郁嫩爽，有清热解暑之效。

油浸天香豆

主料：脱皮鲜蚕豆500克。

调料：碘盐、香辛料、葱姜各适量。

制法：蚕豆洗净煮熟过凉，调料加水熬制30分钟晾凉，放入蚕豆泡3小时捞出装盘即可。

特点：鲜香豆嫩，有补中益气之效。

膳前御宴汤一品

清汤琵琶燕菜

相传明朝郑和下西洋带回“燕窝”献给明成祖朱棣和嫔妃们以后，燕窝就成了皇家的御用贡品，到了清代更是如此，据清宫档案记载：清乾隆皇帝御膳，几乎每次都有燕窝做成的菜肴，“清汤琵琶燕菜”便是其中之一。此菜造型美观，味道鲜美，后成为历代御厨为皇亲国戚们精心烹制的御膳。此菜的制作关键是调制清汤，其方法为宫廷秘而不外传的绝技。制作时要把鸡、鸭、火腿、干贝的混合鲜味融合在一起，吊制的清汤汤清见底、味鲜而浓厚，才能更好地烘托出燕窝的高贵品质。

金蟾拜月

清乾隆二十六年，黄河洪水泛滥，乾隆帝心系南方百姓安危，心情烦燥，晚上睡不着觉，在御花园里的荷花塘漫步，看见池塘里一张张荷叶上趴着一只只青蛙，瞪着眼睛望着天空中的月亮，就对随行的太监说："看，就连池塘里的青蛙都望着月宫，在为南方的百姓祈福。"善于揣摩圣意的太监第二天就命御厨做了一道名为"金蟾望月"的菜肴，用鲍鱼、鱼茸和鸽蛋模拟出乾隆看到的景象。这道菜肴味道上佳，且构图活灵活现，令乾隆赞不绝口，当即下令重赏做此菜的御厨，这道菜也作为皇帝心系百姓的象征菜肴而流传下来。

百花鱼肚卷

“百花鱼肚卷”相传是清朝晚期京城著名美食饕餮谭家父子，奉旨让家厨进宫给老佛爷慈禧制作的一道精馔，此菜口感脆爽，造型美观，甚得慈禧欢心，并大赏了谭家厨师，此菜也作为宫廷名菜流传下来。

灵芝马蹄枣

清朝皇帝乾隆是一位对养生颇有研究的帝王，一年四季都要进行食补。太医为乾隆开了一道名为“灵芝马蹄枣”的食疗方，每年一到夏季，都要由御厨为乾隆单独制作，将东北进贡的野猪取肋排去骨（现在制作都用人工饲养的食用猪），剁成细馅，按比例加入九大仙草之一的“灵芝”和马蹄，炸制而成。

此菜用料讲究，是御膳房夏季必备的御膳之一。

太极龙凤丝

“太极龙凤丝”相传是清朝历代皇帝、皇后“合卺宴”上的一道名馔。鱼喻龙，鸡喻凤，各自成菜码成太极阴阳鱼的形状，寓意圆满、吉祥。

龙须苜蓿

“龙须苜蓿”是御膳中的一道夏季时令菜，用夏季的新鲜苜蓿，在鸡汤里浸熟，味道爽口鲜美。

宫廷御点二品

春芽

糯米粉和可可粉用沸水搅拌均匀，包入白莲蓉馅蒸熟即可。软糯香甜，寓意春季已来，万物复苏。

天鹅戏水

澄面用沸水搅拌均匀，包入绿豆茸蒸熟即可。软糯香甜。

八宝葫芦鸭

乾隆皇帝十分爱吃鸭子，御膳房每天都要依季节不同做几道不同味道的鸭子菜，“八宝葫芦鸭”就是秋季的一道应季菜，因为秋季是收获的季节，用八宝来表示五谷丰登，而葫芦则有百子千孙的意思，寓意皇家子孙兴旺。

瓜盅海蚌

到了嘉庆年间，清宫御膳中野味菜肴逐渐少了，南方进贡的海鲜品种越来越多。海鲜代替野味，“瓜盅海蚌”就是御厨张东官擅长烹制的海鲜菜肴之一，新鲜海蚌片片，用油氽熟，爆炒成菜。鲜美脆爽。

鸡汁瓜方

“鸡汁瓜方”是御膳中的一道秋季时令菜，用秋季的新鲜冬瓜削皮切成长方块，在鸡汤里浸熟，味道爽口鲜美。

珊瑚红蟹

“珊瑚红蟹”是慈禧晚年最爱吃的菜肴之一。河虾打成茸加鸭蛋清搅打起劲，放入蟹肉煎熟即可。清鲜可口，富有弹性。

鱼香鸽子

相传慈禧到了晚年，吃什么都感觉乏味，这可急坏了御厨们，正当御厨们急得团团转的时候，刚调进宫为慈禧烹调御膳的四川名厨黄晋临为老佛爷制作了一道“鱼香鸽子”，传膳太监将菜端到慈禧太后面前，慈禧拿筷子一尝，酸酸甜甜，又带点微辣味道，顿时感觉胃口大开。此菜便作为宫廷名菜流传开了。鸽子剔胸脯，片成0.5厘米厚，剞兰花刀，调鱼香味炒制而成。鲜甜酸辣，味道浓郁。

宫廷御点二品

双藕戏莲

用油酥面包入翡翠馅，做成藕形，放入烤箱烤熟即可。酥香可口。

熊猫戏竹

用油酥面包入红豆馅，做成熊猫形状，放入烤箱烤熟即可。酥香豆甜。

雪菜龙籽包

“雪菜龙籽包”始创于乾隆六十寿宴，此时的乾隆多子又多孙，善于揣摩圣上心思的太监，便让御膳房做一道能表达皇帝心情的菜肴。果不其然，此菜端到乾隆面前，传膳太监介绍完毕，皇帝龙颜大悦，便大赏了御膳房的厨师，这道菜作为宫廷名菜流传下来。

翡翠虾仁

清朝光绪年间，慈禧过寿，各地进贡奇珍异宝，其中云南总督进献的翡翠玉环深得老佛爷喜爱，爱不释手，太监总管李莲英看在眼里，记在心里，把这件事告诉了御膳房，在晚膳上有道绿油油的菜肴，慈禧便问传膳太监此菜何名，太监答曰：“回老佛爷，此菜是御膳房仿照您平时把玩的玉器制作而成的”。慈禧听了甚是高兴，便赏了御膳房的厨师。此菜也作为宫廷菜流传下来了。

紫苏雁脯

我国民间自古就有“闻到雁肉香、神仙想断肠”的说法，可见大雁肉的鲜美和滋补功效绝非一般，因此被历代宫廷视为珍贵食材。清康乾盛世，宫廷饮食文化到了顶峰的时代，堪称“樽罍溢九酿，水陆罗八珍。果擘洞庭橘，脍切天池鳞”，以大雁肉为食材也就不足为奇了。这道“紫苏雁脯”选用天鹅肉和紫苏炒制而成，口味鲜香。

御膳时蔬

“御膳时蔬”相传是清朝乾隆时期，御膳房的厨师仿照乾隆平常拿的纸扇，用几种时令时蔬制作而成的，色泽艳丽多彩，造型美观，清雅可口。

金钱香菇

香菇自古就有“山珍”之称，自然是御膳常用的食材之一。乾隆年间，有一位叫双林的御厨，在金钱菇的上面酿上鸡茸，镶上金钱的图案蒸熟，浇上云汁，制得了这道“金钱香菇”。此菜献给乾隆皇帝品尝后，深得乾隆称赞，遂作为宫廷名菜流传了下来。

大内烧烤一品

宫廷烤黑棕鹅

烧烤在满族烹调技法中占有非常重要的地位，在《随园食单》中记载："满人多烧烤、汉人多汤羹。"满族入关定鼎中原以后，把各地进贡朝廷的鲜活食材，用满族的烹饪技法进行烹调。烤黑棕鹅便是烧烤局的一道名菜。

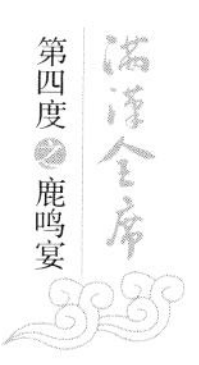

宫廷饽饽二品

一品酥烧饼

油酥面包入肉馅沾水粘上芝麻，放入烤箱烤熟即可。鲜香酥嫩。

野菜饽饽

荠菜洗净切碎，加入面粉和玉米面搅拌均匀，做成窝窝形状，放入蒸箱蒸熟即可。

甜菜一品

金糕冰糖雪莲

绣球菌洗净撕成片，加熬好的冰糖水上蒸箱隔水炖30分钟，最后放入切成菱形小片的金糕即成。

回味香茗

信阳毛尖

满汉全席

第五度之九白宴

据清人吴振棫所著《养吉斋丛录》卷之十五记载，九白宴始于康熙年间。康熙初定蒙古外萨克等四部落时，这些部落为表示投诚忠心，每年以九白为贡，即：白骆驼一匹、白马八匹。其后年例由呼图克图奏进。投诚向化，以此为信。故不可一岁无九白贡也，蒙古部落献贡后，皇帝御宴招待使臣，每年循例而行。后来宣宗皇帝曾为此作诗云：『四偶银花一玉驼，西羌岁献帝京罗。』后臣曰之九白宴。

宫女献茗

福建大红袍

四干果

西瓜子

白瓜子

开心果

沙漠果

四蜜饯

猕猴桃干

蜜菠萝

杏脯

蜜桑葚

四调味（宫廷小酱菜）

什锦菜

腌橄榄菜

芝麻笋丝

辣海菜

宫廷冷点四品

芝麻凉卷

主料： 糯米粉500克，豆沙250克，白芝麻150克。

制法： 糯米粉加水搅匀倒在模具中，上蒸笼蒸熟晾凉，案板撒上白芝麻，把蒸好的糯米皮铺在上面，再把豆沙抹在糯米皮上，卷成卷切小方块装盘即可。

特点： 软糯香甜。

双色糕

主料： 椰汁500克，可可粉10克，琼脂18克，白糖300克。

制法： 椰汁分为两份，一份加可可粉，各自用微火熬制黏稠光泽润亮，先后倒入模具中晾凉，切小方块装盘即可。

特点： 奶香滑甜。

红茶糕

主料： 红茶粉500克，鱼胶粉20克，白糖200克。

制法： 红茶粉、鱼胶粉及白糖放在一个容器里，加适量的热水，搅拌均匀倒在模具里，放在冰箱里冷藏成冻后拿出，切小方块装盘即可。

特点： 软滑香甜，红茶味浓。

枣红糕

主料： 大红枣700克，琼脂17克，白糖200克。

制法： 红枣洗净加水煮烂，过箩成泥状，加琼脂、白糖。用微火熬制黏稠光泽润亮，倒入模具中晾凉，切小方块装盘即可。

特点： 枣香滑甜，有补血安神之效。

前菜君臣欢聚
艺拼六围碟

翡翠鸭肝

主料： 鲜鸭肝500克，西蓝花100克，猪皮500克。

调料： 碘盐、味精、香葱、姜、香辛料各适量。

制法： 鸭肝洗净，用香辛料及葱姜加高汤煮熟，倒入搅拌机搅碎；猪皮切丝加适量的水及姜蒸透，篦出汁成为水晶汁；西蓝花煮熟切末；鸭肝泥加入调料倒入模具中，西蓝花末放入水晶汁后倒在鸭肝上面晾凉，改刀装盘即可。

特点： 滑糯鲜香。

香扇三色蛋

主料：鸡蛋300克，咸鸭蛋250克，松花蛋150克。

调料：碘盐、胡椒粉、味精、香油、玉米粉、鸡汤各适量。

制法：三种蛋洗净，松花蛋用沸水烫至发硬，剥去皮，每只切四瓣；咸鸭蛋去壳，取黄，每只切两半；鸡蛋分出清和黄，分别装在两个容器里，鸡蛋黄里加适量鸡汤、碘盐、胡椒粉、味精搅匀，浇入摆好松花蛋、鸭蛋黄的盘里，上笼屉小火蒸制凝固，取出后，刷上一层玉米粉，然后将加入调料的蛋清倒在上面，用小火蒸熟，取出晾凉，改刀装盘即可。

特点：咸鲜滑嫩，五彩缤纷。

桃仁脆皮鸡

主料：凤鸡1只，桃仁50克。

调料：碘盐、味精、醋、酱油、蒜蓉、香葱末、米椒碎各适量。

制法：凤鸡择净，焯水，放入白卤水里焖熟，桃仁用热油炸熟拍碎，加入调料兑好，把凤鸡改刀装盘即可。

特点：咸鲜脆嫩。

盐焗鲜鲍

主料：大连鲜鲍500克。

调料：碘盐、味精、白糖、香葱、盐焗粉、香辛料、生姜、鸡汤各适量。

制法：鲍鱼去壳，洗净，加鸡汤蒸熟，调料和鸡汤调成盐焗汤，蒸熟的鲍鱼放入浸泡6小时，捞出改刀装盘即可。

特点：粘牙鲜爽。

香辣茶树菇

主料：鲜茶树菇500克。

调料：碘盐、味精、白糖、葱姜、香辛料、红油、干辣椒、鸡汤各适量。

制法：茶树菇洗净，用热油炸干水分备用；调料加鸡汤烧沸，放入茶树菇收干汁，淋上红油捞出，晾凉装盘即可。

特点：香辣脆爽。

贵妃珍珠菜

主料：珍珠菜500克。

调料：碘盐、味精、白糖、麻油、蒜泥各适量。

制法：珍珠菜摘洗净，调味装盘即可。

特点：咸鲜脆爽。

膳前御宴汤一品

御鼎香

“鼎”自古为皇族御品，乃极致尊贵的象征，所盛之物，非金汁玉液，世之珍品不可。宫廷御厨，善烹干鲜，闻名于世，举水陆珍馐，飞禽走兽，精选细作，集软糯、脆爽、滑韧于一身，合鲜香、浓厚于一体，各有其味，相得益彰。赏之者鼎，品之者神。此菜用鲍鱼、鹿筋、竹笙、驼掌、山鸡、裙边、蟹、海参，放入牛骨汤煲8小时即可。

宫廷黄焖翅

“宫廷黄焖翅”是乾隆皇帝每次下江南时，宴请当地百官的宴席上不可缺少的菜品。鱼翅选上等的黄肉翅，加鸡、鸭、火腿、干贝焖制8小时后出锅，浇上原汁即可。《本草纲目》中说“（鲛鱼）背上有鬣，腹下有翅，味并肥美，南人珍之”。鲛鱼即鲨鱼，其腹下之翅即我们通常所讲的鱼翅，古时南方人视其为珍品。

荷香飞龙

“飞龙”素有“天上龙肉”之称，为八珍之一。清朝乾隆年间就列为向皇室进贡的珍品，又称为“岁贡鸟”，宫中御厨把飞龙制作成各种各样的菜肴，“荷香飞龙”便是其中之一。飞龙剔骨取肉，加米粉、酱料腌制，用荷叶包住，蒸熟即可。

菊花四生锅

清朝后期，各种涮肉火锅成为宫廷冬季佳肴，“菊花火锅”的盛行，与慈禧太后有着直接的关系。据说每当菊花盛开时节，慈禧喜欢采摘菊花瓣制作菜肴食用，“菊花四生锅”就是慈禧最爱食用的一道。清鲜滚烫的鸡汤里放入四生原料，菊花瓣撒在上面，少时便肉鲜花香。后来，随着宫廷大员出巡各地，菊花四生锅逐渐盛行于民间。

鼍龙三叠

“鼍龙三叠”相传是清乾隆年间，在平定大小金川的将军送行宴上，御膳房厨师根据唐代诗人王维“送元使安西”的一句，“西出阳关无故人”而创制此菜。体现君臣之间离别时的难舍心情。此菜外酥里嫩，香齿喉鲜。

泉水浸黄花

“泉水浸黄花”是清宫御膳中的一道夏季时令菜，鲜黄花菜摘洗净，用鸡汤浸熟，鲜嫩脆爽。

宫廷御点二品

湘情无限

糯米粉和澄面用沸水搅拌均匀，包入莲子馅蒸熟即可。软糯香甜。

冰山企鹅

糯米粉和可可粉用沸水搅拌均匀，包入水果馅蒸熟即可。软糯香甜。

樱花驼掌

骆驼全身都是宝，尤以驼掌最为名贵。驼掌是骆驼躯体中最活跃的组织，故其肉质异常细腻、富有弹性，似筋而更柔软，营养丰富。驼掌历来与熊掌、燕窝、猴头齐名，是宫廷御膳原料“北八珍”之一，也是御厨们喜欢用的珍贵原料。这道“樱花驼掌”就是用驼掌作为主料制成，是清朝皇帝招待与皇室联姻的蒙古贵族时，御宴中常见的一道美味大菜。

竹韵御扇

“竹韵御扇”是清宫御膳中一道造型美观，暗藏乾坤的精馔。元贝制成泥茸，作扇面，里面酿上八宝料，扇面上做成竹子形状，蒸熟即可。

鱼籽蟹肉野鸡蛋

相传“鱼籽蟹肉野鸡蛋”是清朝晚期，慈禧太后“御前女官”德龄公主创制的。据说德龄公主会八国外语，深得慈禧喜爱，每当秋季南方向朝廷进贡的螃蟹到来，德龄都会给慈禧单独制作此菜。

抓炒大虾

“抓炒大虾”是宫廷菜四大抓炒之一，这道菜在清朝末年深得慈禧太后喜爱，食材选用渤海大明虾，腌制后，挂玉米淀粉糊，入热油锅炸制酥脆；兑好荔枝汁，用热油把汁炒活，倒入炸好的虾，翻匀即可。酸甜酥脆。

银龙虎掌菌

“银龙虎掌菌”是清宫御膳中的一道养生菜。相传康熙年间，为使三藩不反，云南王吴三桂之子吴应雄在京作人质，每年吴三桂派人向孝庄皇太后献上大量的云南山珍菌，供孝庄享用，以表忠孝之心。黑虎掌菌便是其中一种，御厨把发制好的虎掌菌切丝，配以银芽、鸡丝合烹。此菜口感脆爽奇香，甚得孝庄喜欢。

宫廷御点二品

枇杷

糯米粉用沸水搅拌均匀，包入枇杷馅蒸熟即可。软糯香甜。

迎春送礼

糯米粉用沸水搅拌均匀，包入梨脯馅蒸熟即可。软糯香甜。

古法焗东星

东星斑自古就有海中第一鲜之称，从汉代时就被视为美味珍馐，到了清代，慈禧更是偏爱此鱼。御膳房自是精心研究烹制方法，除红烧、清蒸外，还用独特的烧烤方法制作，深受慈禧喜爱。

玲珑连福肉海参

在清宫御膳中“玲珑连福肉海参”是与“万福肉”同等齐名的，都是皇帝和皇后过寿，筵席上的头等大菜，寓意能给本人及国运增福增寿。五花肉两面改刀，加酱料蒸熟，发好海参烧制好，放在肉边一圈即可。参、肉酥烂，肥而不腻。

辣爆鸵鸟筋

相传清朝蒙古四部落每年向朝廷进贡八匹白马、一匹白骆驼，以表忠心。皇帝大摆筵宴，“辣爆鸵鸟筋”便是招待他们的宴席上的一道名菜，以表示朝廷对他们的厚爱。发好鸵鸟筋，用辣汁码味爆炒而成，滑韧辣爽。

葵花带子

“葵花带子”是清宫御膳中的一道养生菜，每到葵瓜子成熟的季节，御膳房便烹制此菜给皇上及嫔妃、皇子们享用。造型美观，鲜嫩滑爽。

北菇浸西洋菜

“北菇浸西洋菜”是清宫御膳中的一道夏季时令菜，具有清心润肺之效。

大内烧烤一品

蜜香烤藏鸡

公元1780年（乾隆四十五年）乾隆皇帝70岁的寿辰之际，六世班禅额尔德尼不远万里进京朝觐。这次觐见“不因招致”，不避辛苦，远道而来，意义颇不寻常。乾隆非常重视，在宫中赐宴招待班禅，特命御膳房做一些符合班禅口味的菜肴，“蜜香烤藏鸡”就是其中一道。

宫廷饽饽二品

野菜蛋饼

野菜摘洗净，加入鸡蛋、面粉，搅拌均匀，做成圆形贴在饼铛中烙熟即可，酥软菜香。

腊味珍菌小米饭

捞熟的小米，加入腊肠、珍菌、豉油，在烧热的砂锅里焖制5分钟即可。

甜菜一品

西瓜盅

“西瓜盅”是清朝蒙古四部落每年向朝廷进贡时，皇帝招待他们的宴席上不可缺少的一道菜，此菜原料多样，装在掏空的西瓜盅里，寓意四部落永远是大清国的一份子，不允许叛乱分裂。

回味香茗

黄山毛峰

满汉全席

第六度之金凤宴

金凤宴是清朝皇后、贵妃及后妃的寿诞宴，也是内廷的大宴之一。皇上是一国之君，如遇大寿称万寿宴。皇后、贵妃及后妃地位在皇上之下，年轻貌美故称金凤宴，庆典同样隆重盛大，名食美馔不可胜数，衣物首饰、装潢陈设、乐舞宴饮一应俱全，专人专司。

宫女献茗

洞庭碧螺春

四干果

怪味腰果

盐焗瓜子

芝麻花仁

大杏仁

四蜜饯

阿胶红枣

杏脯

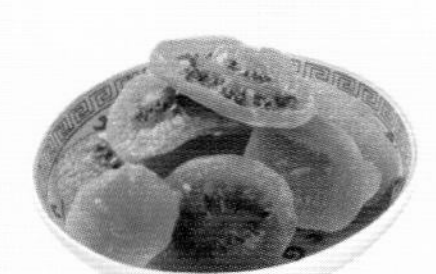

奇异果脯

糖制话梅

四调味（宫廷小酱菜）

酱豇豆

菜根香

酱菜花

辣萝卜干

宫廷冷点四品

凤梨糕

主料：凤梨1000克，鱼胶粉30克，白糖200克。

制法：凤梨削皮切块洗净，用打碎机加水打烂，过箩成泥状，加鱼胶粉、白糖。用微火熬制黏稠光泽润亮，倒入模具中晾凉，切小方块装盘即可。

特点：梨香滑甜，有生津止渴之效。

紫薯山药糕

主料：紫薯300克，山药500克，琼脂25克，白糖250克。

制法：紫薯、山药分别削皮洗净蒸熟，过箩成泥状，加琼脂、白糖。用微火熬制黏稠光泽润亮，倒入模具中晾凉，切小方块装盘即可。

特点：香甜爽滑，有养血补气之效。

西瓜冻

主料：西瓜1000克，鱼胶粉25克，白糖200克。

制法：西瓜取肉放入打碎机里打碎，过箩成泥状，加鱼胶粉、白糖。加热定型，倒入模具中晾凉，切小方块装盘即可。

特点：香甜爽滑，有解暑生津之效。

彩虹糕

主料：彩虹膏500g，鱼胶粉25克，白糖250克。

制法：彩虹膏加水、鱼胶粉、白糖。加热定型，倒入模具中晾凉，切小方块装盘即可。

特点：香甜爽滑。

前菜鹤献蟠桃艺拼六围碟

香椿鸡翅

主料： 香椿80克，鸡翅400克。

调料： 碘盐、味精、麻油。

制法： 香椿洗净用沸水烫熟，切碎；鸡翅煮熟脱骨，和香椿加调料拌匀，装盘即可。

特点： 奇香爽嫩。

草花天鹅贝

主料：草花50克，天鹅贝肉250克。

调料：碘盐、味精、椒麻油各适量。

制法：草花洗净用沸水烫熟，天鹅贝洗净焯水，和草花加调料拌匀，装盘即可。

特点：麻香爽嫩。

茶熏仔鸭

主料：仔鸭1只。

调料：卤水、茶叶、红糖各适量。

制法：仔鸭放卤水中卤熟，放在熏箱里，加茶叶、红糖熏10分钟，晾凉，改刀装盘即可。

特点：咸香爽嫩。

腌蒜红贝

主料：红贝200克，腌蒜50克。

调料：碘盐、味精、麻油各适量。

制法：红贝洗净焯熟，腌蒜切片放在容器，加调料拌匀，装盘即可。

特点：脆爽鲜嫩。

豆干马兰头

主料：豆干100克，马兰头500克。

调料：碘盐、味精、香料、麻油、葱姜各适量。

制法：豆干切丁，锅内放麻油、葱姜末、香料，把豆干炒香，马兰头洗净用沸水焯熟，改刀，放在一起拌匀，装盘即可。

特点：香鲜脆爽。

桂花番茄脯

主料：桂花50克，杏脯50克，小番茄500克。

调料：碘盐、白醋、白糖各适量。

制法：小番茄脱皮；砂锅里放入桂花、杏脯、调料加水烧开，最后加入白醋晾凉，小番茄倒入泡5小时，装盘即可。

特点：酸甜爽口。

膳前御宴汤一品

贵妃养颜汤

相传清朝嘉庆年间，南方进贡朝廷的海鲜品种非常丰富，逐渐代替野味食材，贵妃蚌就是其中之一。有一年皇贵妃的生日筵席上，传膳太监端出一道色泽艳丽的菜肴，放在皇贵妃面前，贵妃品尝之后，夸赞此菜：口感脆嫩鲜爽，软糯绵柔，于是便赏了御膳房的厨师。以后历代后宫皇妃过生日，必上此菜，就连宫外的皇子福晋过生日都要请御膳房的厨师去做。后来“贵妃养颜汤”就作为御膳名菜流传下来了。

佛手鱼翅

“佛手鱼翅”相传跟慈禧太后有关，其实皇太后被称老佛爷只是从慈禧开始的，在她之前并没有人叫过皇太后为老佛爷。而慈禧让别人叫她老佛爷或许只是这个称呼的特殊政治含义，慈禧虽然垂帘听政大权独揽，但是毕竟不是皇帝，为了弥补内心的遗憾，她让人用特指皇帝的佛爷来称呼自己，还在前面加一个老字为尊，意在向人们宣示她是和皇帝一样至高无上的。随着时间的推移，众人就习惯了称慈禧为老佛爷。御膳房的厨师为了讨老佛爷欢心，就把鱼翅做成佛手造型，果不其然，一次晚膳中慈禧品尝后，便赏了御膳房厨师。此菜也做为宫廷名菜流传下来了。

茶花鱼唇

“茶花鱼唇”是清宫御膳中的一道养生菜肴，造型美观，口感丰富，又有养颜美容之效。

瑶柱凤圆冬瓜盅

满族自公元1644年入关定都北京，他们的各种风俗礼数都传了过来。尤其是饮食方面，食材野味品种居多，满族厨师擅长烧烤，自从乾隆下江南把苏杭厨师带进宫来，满汉厨师相互交融，产生许多满汉作法融合的菜肴。在乾隆母后六十大寿的宴会上，御厨张东官用孔雀肉和海鲜制作的“瑶柱凤圆冬瓜盅”就是其中一道，造型美观，制作精细，味道鲜美。

麻姑献寿

麻姑是古代传说中的女神仙，中国民间信仰的女神，属于道教人物。据《神仙传》记载，其为女性，自谓“已见东海三次变为桑田”，故古时以麻姑喻高寿。又流传有三月三日西王母寿辰，麻姑于绛珠河边以灵芝酿酒祝寿的故事。因此过去民间为女性祝寿多赠麻姑像，取名麻姑献寿。清宫御厨用鹧鸪和芝麻制作这道菜，菜名取其谐音。

酒香烟熏河鳗

相传清中期嘉庆年间，南方进贡朝廷大量的海鲜，御膳房为了使这些海鲜不变质，就采用盐腌制的方法，然后再熏，即保证了海鲜不变质，又有独特的风味。“酒香烟熏河鳗”就是其中一道，甚得皇上和嫔妃们的喜爱。此菜也作为宫廷御膳名菜流传下来。

宫廷御点二品

富贵百财

糯米粉及澄面用沸水搅拌均匀，包入果脯馅，制作成白菜造型，蒸熟即可。软糯香甜。

竹鼠戏嬉

糯米粉用沸水搅拌均匀，包入果脯馅，制作成竹鼠造型，蒸熟滚上椰蓉即可。软糯香甜。

蟹角浸海参

这是清乾隆年间的一道御膳名菜。辽参本不易入味，将发制好的海参，加入高汤及调料，利用砂锅传热慢的特性慢慢炖制，可使辽参的味道更加浓鲜。在清宫御膳九九八十一口中，又叫“吐汁口”。乾隆皇帝称其为“益阳指”，补益男子。

凤鸣桃花源

古时皇帝称为龙，皇后为凤，宫廷菜取名向来典雅，富有诗情画意，“凤鸣桃花源”便是皇后生日宴席上吉祥菜之一。

碎玉翡翠

“碎玉翡翠”是清宫御膳中的一道夏季时令菜，空心菜留茎去叶，加肉脯一块炒之。口感爽脆。

粽香糯果鸭

相传清朝乾隆是对养生颇有研究的一位皇帝，“粽香糯果鸭”就是太医专门给乾隆皇帝开出的季节食疗养生菜。每年夏季，御膳房便给乾隆单独烹制此菜。中医认为：鸭肉性凉，有清热利水、补阴益血之效。

兰花南红

相传慈禧过六十大寿，云贵总督进贡的玛瑙南红和君子兰花，老佛爷甚是喜爱。在一旁的太监总管李莲英看在眼里，便告诉了御膳房，在寿宴上，御厨便做了这道“兰花南红”菜肴，甚得老佛爷欢心。此菜色泽艳丽，造型美观，口感丰富的一道宫廷菜肴。

宫廷御点二品

翡翠青瓜

糯米粉及澄面用沸水搅拌均匀，包入翡翠馅，制作成青瓜造型，蒸熟即可。软糯香甜。

玉蚌合珠

用油酥面包入蚌肉馅，制作成玉蚌合珠造型，入油锅炸酥即可。酥香馅鲜。

白玉金丝苏眉

苏眉一出现便是海鲜贵族，食材极品。苏眉鱼肉制作成蓉，是历代皇室贵族享用御膳的精华，清宫御厨更是用官燕和血燕衬托，更显示出此菜高贵品质。

炒黄瓜酱

此菜为清宫著名的四大酱菜之一。相传清朝初年，清军进攻中原，战事异常频繁。士兵常常来不及搭灶做饭，就把生肉用火烤熟，切成小丁，随身携带。吃的时候掺一些青菜，用酱伴食。后来清王朝一统天下，满洲八旗人依然喜食这种菜，清宫御膳房的厨师就将此菜加以改进，改拌为炒，滋味更妙。御厨们还按季节不同，分别创制出“炒黄瓜酱”“炒豌豆酱”“炒胡萝卜酱”“炒榛子酱”，合称四大酱，从此成为清宫的家常小菜，流传至今。

玉鸟还巢

相传乾隆皇帝为了给钮钴禄氏庆贺六十大寿，颇下了一番苦心，专门为祝寿而建造了大报恩延寿寺，并派人四处收集山珍海味、奇珍异宝，将新建成的“清漪园”装饰一新，到处张灯结彩，彩棚高搭。

寿宴时辰一到，万寿无疆的呼声此起彼伏，先是皇上给太后祝寿，接着是皇后、嫔妃及亲贵众大臣等为皇太后敬贺千秋，齐颂皇太后寿比南山，福如东海。接着皇太后到院中放生，宫女们抬来了一个装有一百只鸟的笼子，皇太后高兴地打开笼子，一群小鸟冲了出来，在院子中飞舞，顿时百鸟齐鸣，美妙的声音在“清漪园”久久回荡。不一会儿，群鸟又都飞到笼子里去。在庆贺的宴席上，御厨们根据放生时的场面，精心制作了这道“玉鸟还巢”的菜肴，皇太后吃后连声称好，于是重赏了烹制这套菜的御厨，从此这道菜便流传下来了。

雀舌素鳝

“雀舌素鳝”是清宫御膳素局中的一道名馔，是选用名茶雀舌和香菇，仿造荤菜鳝丝制作而成的，茶香酥脆。

鲜椒时蔬

“鲜椒时蔬”是御膳中的一道夏季时令菜，味道鲜爽、口感脆嫩。

大内烧烤一品

宫廷烤鸭

写作于南北朝时期的《食珍录》中即有“炙鸭”字样出现。南宋时，“炙鸭”已为临安（杭州）“市食”中的名品。此“炙鸭”即是现代的烤全鸭。另据《元史》记载，元破临安后，元将伯颜曾将临安城里的百工技艺带至大都，烤鸭技术就这样传到了大都，并成为元宫御膳奇珍之一。随着朝代的更替，烤全鸭亦成为明、清宫廷的美味。明代时，烤鸭还是宫中元宵节必备的佳肴，清代乾隆皇帝和慈禧太后也都特别爱吃烤鸭。这之后，烤全鸭的制法逐步由皇宫传到民间。

宫廷饽饽二品

曲麻盒子

曲麻菜摘洗净，沸水焯熟，捞出过凉水并切碎，和炒好的鸡蛋拌在一起，调好味。把烫好的面饧好，制成小圆形状，上面放上馅料做成盒子，边上撵出花纹，放入饼铛烙熟即可。

荞麦柳叶包

将发好的荞麦面饧好，包入馅料，制作成柳叶形状，蒸熟即可。

甜菜一品

百子闹海

“百子闹海”是清宫御膳中的一道寓意菜，皇后过寿，儿孙都要过来祝寿，场面十分热闹，御膳房的御厨正是根据此情此意，创制出此菜。母后像大海一样，儿孙像海中的鱼儿，鱼水情深。

回味香茗

正山小种